浪花朵朵

园艺小指南

［英］乔·埃尔沃西 文
［英］埃莉诺·泰勒 图
　［法］邓 韫 译

这本书属于：

伊甸园工程

四川人民出版社

目录

序言   3

什么是花园？   4

什么是植物？   6

花园的四季   8

芬芳的香草   16

美味的蔬菜   20

香甜的水果   34

有趣的花   40

这些不速之客   42

野生"动"物   46

花园的模型和游戏   52

夏日的野餐派对   54

园艺小指南   56

重要的土壤   58

关于种植   62

时间安排计划表   66

索引   68

种植植物清单   70

我的园艺剪贴簿   71

栽种方法：

 = 用种子播种

 = 买幼苗

= 用球根种植

你可以在第 62 页找到如何种植每一类植物的小指南。

每一页都藏着一只知更鸟，看看你能否全部找到。

序言

想象一下，在这地球上有那么一块特殊的地方，在那里你可以种植任何你喜欢的植物。在这本书中，你能获得很多园艺指南，来帮助你建造一个属于你自己的美丽花园，你还能从书中得知很多关于生长在你的花园里的植物和小动物的故事。同时，每一页还有很多手工制作的内容。

五彩缤纷的花朵

鲜美多汁的覆盆子

香气扑鼻的香草

香脆可口的胡萝卜

大部分的植物都是安全无害的，但是，也有一些植物可能会引起过敏或红肿。所以每次做完园艺活动之后一定要记得洗手，或是在做园艺时记得戴上园艺专用手套。在用手触碰植物或吃任何摘自园子里的东西之前，最好先请大人帮忙鉴定一下。还有，要当心尖锐的物体。

什么是花园？

花园可以很大。

花园可以很小。

花园也可以
高高在上！

花园可以只属于你。

或是在学校或城市的公共区域
里同朋友们共享。

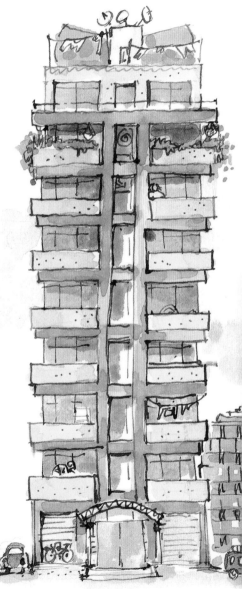

花园可以很远。

你可以在任何一个地方建造你的花园。
你甚至都不需要一个花盆！

花园可以在乡村。

花园也可以处在繁忙
都市的中心。

花园啊，其实就是一个可以供你我放松玩
耍、搭个小帐篷、建造树屋、野餐聚会、挖宝
藏以及种出美味的植物和美丽的花朵的地方。

什么是植物？

植物让我们拥有持久的活力，它们给我们提供新鲜的空气和美味的食物。

植物自己也充满活力。

同我们一样，植物呼吸、吃喝，它们甚至知道自己的起居时间。

植物怎么呼吸，如何进食？

在植物的叶片上有很多细微的孔，它们就是通过这些小孔来进行吸气和呼气的。植物的根就像秸秆或者吸管一样，不断地将土壤里的水分和矿物质吸入体内。

阳光捕获者

植物能做一件非常了不起的事情。它们能将阳光转化成食物。叶片是天然的太阳能板。植物在其叶片的内部，将阳光、水分和二氧化碳转化成某种类型的糖（能量食物）和氧气。

我们吸入氧气，呼出二氧化碳。

植物吸入二氧化碳，呼出氧气。

完美！

早睡早起

雏菊，英文俗名也叫"白天之眼"，同它的名字一样，它的花瓣白天展开，夜里合上。

黄水仙的球根冬天在地下冬眠，春天天气转暖时，球根又重新从地下冒出新芽，抽叶开花。

在你的花园里

要想帮助植物更好地在你的花园里生长，你需要将它们种植在一个阳光充沛的地方，当土壤干燥时给它浇水，按时施肥。你可以从第 56 页的"园艺指南小指南"中获得所有这些相关信息。

花园的四季

春季

3 月到 5 月

8

天气逐渐变暖，白天慢慢变长，又到了花园里忙碌的日子，正是播种和栽种的时节。

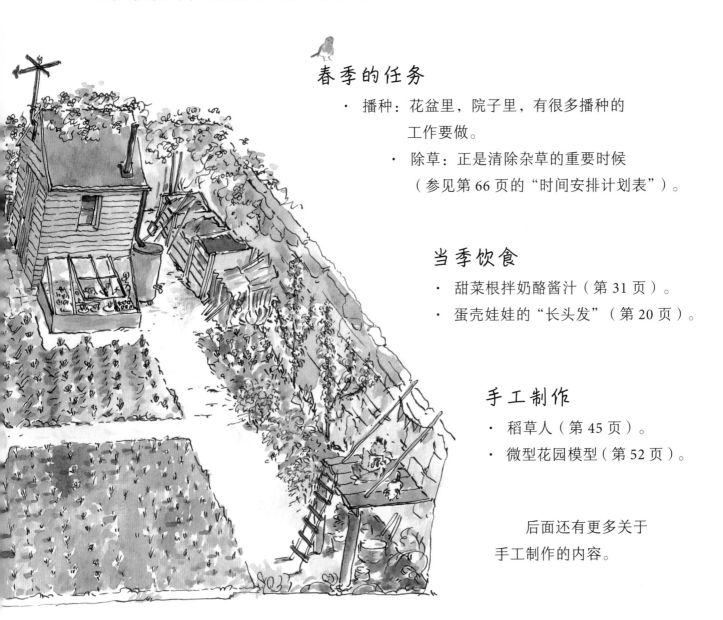

春季的任务

· 播种：花盆里，院子里，有很多播种的
  工作要做。
· 除草：正是清除杂草的重要时候
  （参见第 66 页的"时间安排计划表"）。

当季饮食

· 甜菜根拌奶酪酱汁（第 31 页）。
· 蛋壳娃娃的"长头发"（第 20 页）。

手工制作

· 稻草人（第 45 页）。
· 微型花园模型（第 52 页）。

后面还有更多关于
手工制作的内容。

夏季

6 月到 8 月

在漫长而炎热的美好夏季里，一切都在恣意疯长。这是照料园里植物的时节，这是享用夏季蔬果的时节，这也正是尽情玩耍和野餐的时节，这是个正当时的季节。

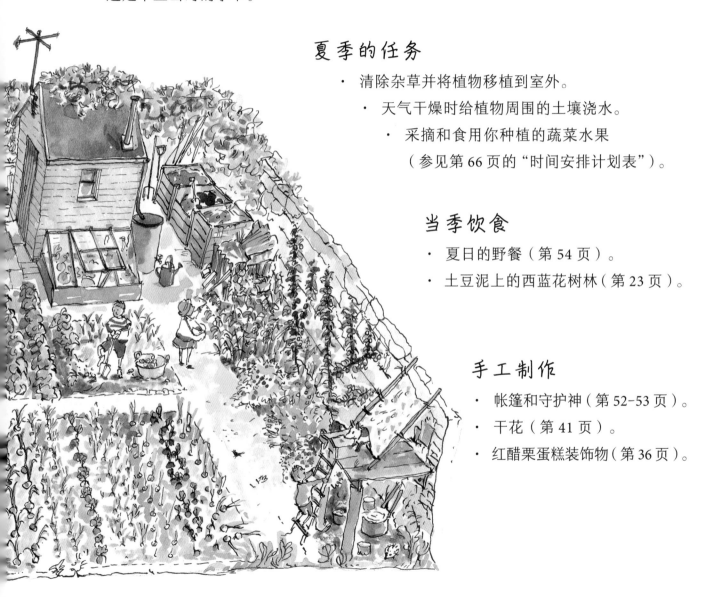

夏季的任务

- 清除杂草并将植物移植到室外。
  - 天气干燥时给植物周围的土壤浇水。
  - 采摘和食用你种植的蔬菜水果（参见第 66 页的"时间安排计划表"）。

当季饮食

- 夏日的野餐（第 54 页）。
- 土豆泥上的西蓝花树林（第 23 页）。

手工制作

- 帐篷和守护神（第 52-53 页）。
- 干花（第 41 页）。
- 红醋栗蛋糕装饰物（第 36 页）。

秋季

天气渐凉，空气中时不时有股寒意。这是收获鲜美的菜和秋季水果的季节。

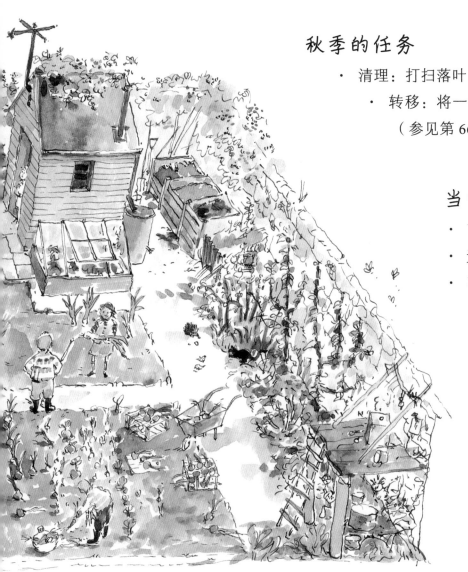

秋季的任务

- 清理：打扫落叶，请大人帮忙修剪植物枝条。
- 转移：将一些不耐寒的盆栽植物搬进室内（参见第 66 页的计划表）。

当季饮食

- 南瓜汤（第 28 页）。
- 无花果的盛宴（第 39 页）。
- 苹果派。

手工制作

- 万圣节的南瓜灯（第 28 页）。
- 昆虫酒店（第 47 页）。
- 玩苹果游戏（第 38 页）。

冬季

12 月到 2 月

14

清冽寒冷的季节。院子里有好多事情要做，顺便可以活动筋骨，暖和一下身体。还有冬季蔬菜需要采摘。

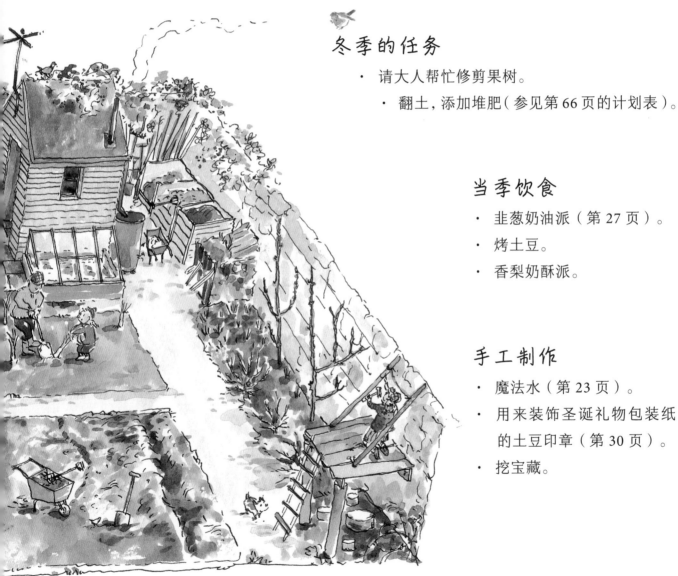

冬季的任务

· 请大人帮忙修剪果树。

· 翻土，添加堆肥（参见第 66 页的计划表）。

当季饮食

· 韭葱奶油派（第 27 页）。

· 烤土豆。

· 香梨奶酥派。

手工制作

· 魔法水（第 23 页）。

· 用来装饰圣诞礼物包装纸的土豆印章（第 30 页）。

· 挖宝藏。

芬芳的香草

多年生香草

香草是最适宜人住新花园的一类植物。它们外型优美，气味芬芳，很适宜种在花盆里，通常用于给食物增添香味，大多都有益于健康。

迷迭香（*Rosmarinus officinalis*）

维多利亚时代的人将迷迭香放在他们手杖的手柄中，时不时拿来嗅一嗅。他们认为迷迭香能预防疾病。

百里香（*Thymus vulgaris*）

希腊人常将百里香的叶子泡在洗澡水中。百里香的种类很多。柠檬百里香闻起来像柠檬，而橙香百里香则有一种橙子皮的辛辣香味。

月桂叶（*Laurus nobilis*）

月桂叶据说可以帮助消化。在炖菜的时候放入一片月桂叶可以给菜品增添一番好味道，但要记得在用餐之前将月桂叶取出。

薄荷（*Mentha*）

薄荷提神醒脑。开水冲泡薄荷叶是一道很美味的茶饮。不用加奶，只需要添加一大勺蜂蜜——真是太美味了！

很多香草原本生活在炎热干燥的地方，所以，请将它们安放在一个温暖的、阳光充沛的地方。

一年生香草

莳萝（*Anethum graveolens*）

莳萝的名字来源于盎格鲁－撒克逊语"dylle"，意思为"使人安静入眠"。

北美洲人也称莳萝为"会议室的种子"，因为孩子们会在做弥撒时咀嚼它来减轻饥饿感。

它曾经被用作泡制治疗胃部不适的凉茶。

它的味道像八角，和土豆泥很搭配。

罗勒（*Ocimum basilicum*）

最早来自印度和中东。

怎么种植？

将一枝罗勒放入一个有水的瓶中，一周之内它就能长出根来，然后在春季或夏季将它种植在花园里。

罗勒叶可以与番茄和马苏里拉奶酪一起做成沙拉，也可以用在比萨中，都很美味。

将罗勒安置在室外温暖的地方或室内阳光明朗的窗台上。它不喜欢寒冷的天气。

紫色皱叶罗勒用在沙拉中，好看又好吃。

做青酱

请一个成年人帮你将罗勒叶和松子、蒜、帕玛森干酪、橄榄油一起用搅拌机打碎。做好的酱放在玻璃密封罐里保存，可以在冰箱里保存一个星期。使用时取一大勺青酱和煮好的意大利面条拌匀即可，简单而美味！

美味的蔬菜

叶子菜和做沙拉的菜

生菜和菠菜的种子可以在菜地里成行播种，也可以在花盆甚至是一只填满了土的旧靴子里播种。

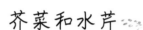

生菜（*Lactuca sativa*）

"我有一棵小生菜，
我将它一分为二。
叶子留给我，
心儿*送给你。"

* 生菜的中心部分被称为菜"心"。

芥菜和水芹

芥菜（*Brassica hirta*）的口感脆爽甜美，水芹（*Lepidium sativum*）吃起来香气四溢。

做一个长头发的蛋壳娃娃

当你吃水煮蛋时，留下蛋壳，清洗干净后填满播种土，然后撒一些芥菜或水芹的种子在上面。在蛋壳上画上人脸。几星期之后你就可以吃到蛋壳娃娃的"长头发"了。

芝麻菜（*Eruca vesicaria*）

芝麻菜也叫"火箭菜（rocket）"，生吃时有芝麻的味道，还略带辛辣和苦涩。芝麻菜生长迅速，在播种四个星期之后就能吃到了。

这里推荐一款意大利风味的沙拉，它由略带辛辣味的芝麻菜和酸甜多汁的橙子瓣搭配而成，清爽美味。

金莲花（*Tropaeolum majus*）

金莲花的英文俗称"nasturtium"来自拉丁语
"nasus（鼻子）"和"tortus（扭曲的）"。它的
辛辣味是不是冲得你都皱起鼻子了？

给沙拉调味

彩色的金莲花贴地丛生，给花园和窗台增添活泼亮丽。用几瓣
金莲花花瓣给沙拉调味，不仅能增进辛香口感，其明亮的色彩
还能愉悦心情，增进食欲。

割后又长的混合沙拉

播种	生长	采割	再次生长

在春季和夏季，成行地播撒种子。	等上几星期。	请大人帮忙割下制作沙拉的叶子。	采割后，这些蔬菜会再次生长。

甘蓝家族

　　卷心菜、抱子甘蓝、西蓝花、花菜、羽衣甘蓝、芜菁、芜菁甘蓝和白萝卜等都是属于十字花科的同一类蔬菜。仔细闻一闻，你会发现它们都有类似卷心菜的味道；并且它们的种子长得很像，都是小小圆圆的。

羽衣甘蓝（*Brassica oleracea*）

甘蓝家族中最古老的成员之一。
它和牛奶一起烹煮很美味。

白萝卜（*Raphanus sativus*）

种植容易，生长迅速（从播种到成熟仅需要六个星期）。
爽脆辛辣，生吃美味。

墨西哥的瓦哈卡居民在每年的 12 月 23 日庆祝"萝卜之夜"。
人们将精心挑选出来的大萝卜雕刻成各种好看又有趣的形状，并在街上展示。

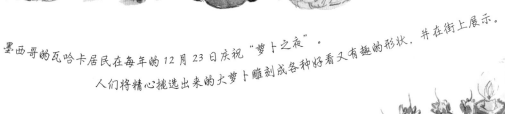

菜花 (*Brassica oleracea*)

常见白色，也有红色和紫色。幽默大师马克·吐温曾经说过："菜花是受过大学教育的甘蓝。"译成大白话就是"甘蓝识了字，就叫菜花了"。

紫甘蓝 (*Brassica oleracea*)

炮制魔法水

请大人帮忙将一个紫甘蓝切碎并用水煮熟。吃掉菜叶，只保留紫色的水。在水中加一些柠檬汁，再加一些小苏打。最后会是什么颜色呢？

警告——千万别喝！

西蓝花 (*Brassica oleracea*)

在意大利语里，西蓝花的意思为"小芽"。请大人帮忙将西蓝花切成小朵蒸熟，然后插在一堆土豆泥上，就像一个长满了小树的山坡。这是一个让你的弟弟或妹妹吃掉他们盘子里的绿色蔬菜的好办法。蔬菜真是有益健康啊！

豆类

豆类作物的根部长有根瘤，根瘤中有能固氮的细菌，这些细菌能**将空气里的氮元素转化成植物的养分**。因此豆类作物能给花园带来很多好处。

荷包豆（*Phaseolus coccineus*）

5 月到 6 月播种。8 月到 10 月采摘。
杰克*种下他的豆子，然后长成了一棵非常巨大的豆藤。
你的豆子能长多高呢?

* 译者注：这里的杰克与豆子源于英国童话《杰克与魔豆》。

菜豆（*Phaseolus vulgaris*）

菜豆的英文名虽然叫"法国豆"，但它却是来自美国，而不是法国。它们最早由西班牙探险家从北美洲带回欧洲。菜豆和切碎的番茄一起蒸熟很好吃。

豌豆 （*Pisum sativum*）

有很多种类：绿色的、紫色的、长长的、只吃豆子的、全都能吃的（豆荚和豆子都能吃）。

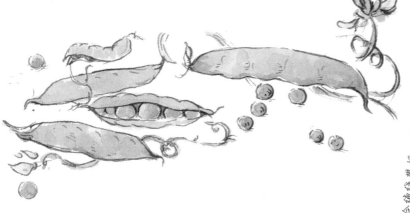

自制绿豆芽

将一些绿豆（*Vigna radiata*）放在一个果酱瓶里，
上面盖上纱布。
加水浸泡三小时，然后倒掉水。
每天用清水清洗。
等到豆芽长到足够大时就可以吃了。
做沙拉或清炒都很好吃。

攀援类豆子的藤蔓会缠绕攀援，所以需要给它们准备一些架子让它们攀援生长。

你可以在豆角棚下面建一个小帐篷。

警 告

　　千万不要随便吃豆类！有些豆类有毒，有些甚至有剧毒，比如香豌豆和金链花的豆子。我们只要欣赏它们美丽的花朵就可以了。

洋葱家族

洋葱 (*Allium cepa*)

篝火晚会上的炒洋葱配热狗，味道好极了！请大人帮忙将洋葱切块烹饪。别忘了给他一块手帕，切洋葱会让大人流泪的。

春天种下小洋葱（洋葱栽子），会换来秋天的大丰收。

大蒜 (*Allium sativum*)

神奇的植物：在故事书里，据说大蒜可以驱走吸血鬼。

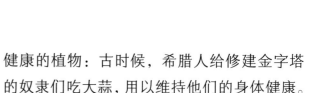

容易种植的植物：春天种下一瓣蒜，到深秋会变成一整个蒜头。

健康的植物：古时候，希腊人给修建金字塔的奴隶们吃大蒜，用以维持他们的身体健康。

26

韭葱（*Allium porrum*）

威尔士的国家象征之一（另两种是黄水仙和红龙）。
著名罗马皇帝尼禄据说很喜欢韭葱汤。

3月到4月播种。当韭葱小苗长到足够大时（5月到6月），再将它们移植到新翻过的菜地里。

有一个奖金超过1000镑的世界韭葱冠军赛。
在展示之前，据说韭葱冠军们会给他的韭葱洗个泡泡浴，并刷净它的根须。

韭菜（*Allium schoenoprasum*）

漂亮的紫色花和叶子都可以拌进沙拉中食用。

做一顿美味的晚餐：帮助大人将韭葱卷入酥皮中，然后和奶酪、酱汁一起烘烤。

南瓜家族

南瓜 (*Cucurbita maxima*)

童话故事《灰姑娘》中的仙女将南瓜和小白鼠变成漂亮的马车，
用来送灰姑娘去参加舞会。

南瓜的英文名为"pumpkin"，
这个词源自希腊语"pepon"，
意思为"由太阳烹饪的"。

做一个万圣节的南瓜灯

大人帮忙掏出南瓜籽和软软的新鲜的南瓜果肉，
在南瓜外壁雕刻一幅镂空画，再将一只小蜡烛放
在里面，漂亮的南瓜灯就做好了。掏出来的新鲜
南瓜果肉可以做成美味的南瓜汤。

笋瓜 (*Cucurbita maxima*)

原产于南美洲，现在在世界上的很多国家和地区都有种植。烤熟后的笋瓜味道甘甜鲜美。它有很多不同的大小、形状和颜色。

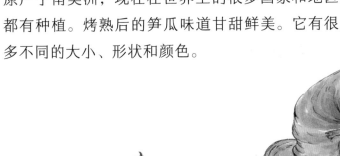

小胡瓜 (*Cucurbita pepo*)

小胡瓜和西葫芦很像，但小一些。

会变大的魔术

请一个大人帮忙将你的名字的首字母或一张人脸刻在一个正在生长的小胡瓜的表皮上，接下来的几星期你会发现你的名字越长越大。

美味小吃

小胡瓜切片，抹上奶酪，然后烤着吃。

根茎类

土豆（*Solanum tuberosum*）

同小麦、大米和玉米一样，土豆是世界上最重要的粮食之一。土豆的吃法很多，可以水煮或油炸，可以切成块烹饪或做成土豆泥。

做土豆印章

请大人帮你将一个土豆切成两半，并在上面刻上图案，土豆印章就做好了。给它蘸上颜料后你就可以到处盖印章了。你还可以使用织物染料，来设计专属你自己的印章T恤。

自己种植

| 早春 | 晚春 | 初夏 | 夏末 |

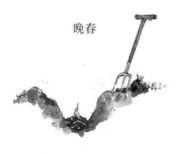

将土豆"种子"（小土豆）放在阳光充沛的温暖室内大约四个星期，直到发出小芽。

将小土豆的芽朝上，栽在室外已铺好堆肥的土沟中，并盖上土。

每两周就在不断长高的土豆苗周围再堆些土。

可以挖土豆喽！

警告

绿色的土豆块茎有毒，所以挖出来的土豆需要存放在一个黑暗的环境中以阻止它们变绿。

胡萝卜（*Daucus carota*）

- 生吃爽脆多汁，做熟后香甜软糯。
- 可以用来制做美味的蛋糕和令人吮指的汤。
- 除了橙色的胡萝卜，还有白色的和紫色的胡萝卜。
- 胡萝卜的叶子曾被用于装饰帽子。

小指南：

讨厌的胡萝卜茎蝇的幼虫会吃胡萝卜的根。在旁边种一些洋葱可以帮助赶走胡萝卜茎蝇。

甜菜根（*Beta vulgaris*）

- 可以像烤土豆那样烘烤食用。
- 和奶酪酱汁一起熬煮，汤汁的颜色会变成粉红色！
- 罗宋汤：加了酸奶油的甜菜汤。

小指南：

- 如果土壤很干燥，需要给胡萝卜和甜菜根多浇水。
- 花园很小怎么办？可以种在装有土的桶或袋子里。

31

夏天的味道

甜玉米（*Zea mays*）

哪种蔬菜是扔掉外面，烹饪里面，接着又吃掉外面，扔掉里面？——甜玉米！

来吧，自己动手做爆米花！

在烧烤架上烤玉米。

在 6 000 年前，墨西哥人和秘鲁人就已经开始吃玉米了。玉米通常和笋瓜、荷包豆一起种植，因而被昵称为"菜园三姐妹"。

小指南：
将玉米种植成比较靠近的几排。因为玉米依靠风媒传粉，这样的种植格局能让它们捕获到彼此更多的花粉。

番茄 (*Solanum lycopersicum*)

欧洲的探险家们在 16 世纪从墨西哥带回了番茄。最初，人们以为番茄有毒，所以种番茄只是为了观赏。现在我们将番茄广泛地用在制作沙拉、汤、面条和比萨中。

自制番茄酱

请大人帮忙将大蒜和芹菜切碎并用橄榄油炒一下，然后加入切碎的番茄，熬煮 10 分钟，接着再加入一点盐、胡椒粉、红糖和少许醋。最后请大人帮忙用搅拌机搅拌均匀就好了。

为什么番茄会变红？
因为它偷看了生菜更衣。

怎么种番茄？

在生长期要摘掉多余的小侧芽。

开花时轻轻地晃动茎干可以帮助传粉，有助于结出更多番茄果实。

按照肥料的使用说明给番茄施肥。成熟后采摘果实。

香甜的水果

浆果类的水果

浆果是有益健康的美味水果，富含多种维生素。

草莓 (*Fragaria ananassa*)

唯一的一种种子长在外面的水果是什么？是草莓。

冬季

在堆肥充足的大花盆或院子里撒播草莓种子。
每年在植株周围撒一些新鲜的堆肥。

春季

看草莓花开。

夏季

采摘鲜美的草莓。

秋季

剪掉匍匐茎，种植在别的地方。
这样你就可以得到更多的草莓植株！

制做冰冻草莓串

将草莓一个挨一个串在长签子上，然后放进冰箱的冷冻室里冻
起来。这可是炎热夏季里最美味的棒棒糖。

覆盆子 (*Rubus idaeus*)

魔术棍：什么棍子能将花园里的堆肥变成鲜美的红色果子？

覆盆子的枝条！

冬季

将剪下的覆盆子枝条种在堆肥充足的土壤中。

春季和夏季

看着它们长大。

秋季

采摘鲜美的覆盆子果实。

冬季

在 2 月份，大人帮忙剪掉地面以上的枝条，并给花园添加堆肥。

做一份奶油拌覆盆子

材料：

覆盆子 2 杯和 ¼ 杯白糖一起打成果泥。

稠奶油 1 杯和 ¼ 杯白糖一起打成发泡奶油。

两者混合后放进冰箱里冷藏几个小时，然后就可以吃了。

灌木类的水果

鹅莓（*Ribes uva-crispa*）

它为什么叫鹅莓呢？是因为：

- 鹅莓酱是配着烤鹅一起吃的？
- 它们多刺的枝条看上去像鹅腿？

到底是哪个理由还是由你来决定吧。你也可以看看能不能找出更多其他的理由来。

红醋栗（*Ribes rubrum*）

做蛋糕装饰物

将清洗干净的香气扑鼻的浆果在添加了一点点威士忌的蛋清中蘸一下，然后再在白糖糖粉里摇晃滚动，让它们的味道更甜，而且看上去像挂了一层霜。

剪枝

请大人帮忙在冬季给果树修剪枝条。这样这能帮助它们在来年结出更多的果实。

- 剪掉一些中心区域的枝条，以避免中间太拥挤。
- 把部分外围的枝条从顶端向下剪去 ⅓。

黑醋栗（*Ribes nigrum*）

在二战期间，橙子很稀缺，政府就鼓励人们多种黑醋栗，并给两岁以下的孩子免费提供黑醋栗糖浆以补充他们生长所需的维生素 C。

制做黑醋栗糖浆

黑醋栗 2 杯

白糖 ½ 杯

水 1 杯

柠檬汁

请大人将所有这些原材料在平底锅里用中小火熬煮，然后挤压、晾凉、过滤、装瓶，放进冰箱里保存。

黑醋栗糖浆兑水就做成了很好喝的饮料。

也可以用来做冰激凌。

剪枝

每年都请大人帮忙剪去黑醋栗灌木丛的旧枝条总长度的 ⅓。

乔木类的水果

苹果（*Malus domestica*）

果园里的苹果树通常树龄很大，
能长得很高很壮。
而小花园里的苹果树则
通常被控制着靠在墙边生长。
更小的苹果树还可以种植在大花盆中。
所以，无论你的花园大小如何，
总有一棵苹果树适合你。

"一天一苹果，医生远离我"。苹果中富含营养物，它对你的身体很有益。但每次吃完苹果一定要记得刷牙哦，因为苹果里含有大量的糖分。

做一个小游戏
请大人帮忙将苹果用绳子串起来吊在树枝上。
试着去吃苹果吧，不能用手哦！

李子 （ *Prunus domestica* ）

李树和樱桃树开花宣告着春天的到来：它们是花园里最早开花的树木。果树开花，蜜蜂开心。蜜蜂吃花蜜，同时给花朵传粉。花心中间那一个小点会慢慢长成果实。

无花果树 （ *Ficus carica* ）

希腊运动员食用大量的无花果，他们认为无花果可以让他们跑得更快。

小指南：
将无花果树种植在花盆里。当秋天树叶脱落以后，将它放在阴暗、无霜冻的棚里直到来年春天。

做一份甜点——"无花果的盛宴"
请大人帮忙将无花果切成两半，刷上橄榄油和蜂蜜，然后放在烤箱里烤到表面冒泡。稍微晾凉一点后和冰激凌一起食用。超级美味！

有趣的花

向日葵（*Helianthus annuus*）

夏季开花。看看谁长得最高？

2012 年，一位德国人种出了一株高达 8.23 米的向日葵！

随意草（*Physostegia virginiana*）

秋季开花。这个植物的花朵真乖巧，随意
摆弄它，改变花朵的朝向，它们就会
继续保持这个姿势。

荷包牡丹（*Lamprocapnos spectabilis*）

春季开花。英文俗名为"滴血的心"，又称
"浴缸里的美女"。

凑近点仔细看看，你能看到浴缸里的美女吗？

黄水仙（*Narcissus*）

黄水仙真机灵，它的球根会赶在身边的
树木长出树叶并遮挡阳光之前，
迅速地生长和开花。

40

自制干花

剪下并晾干这些植物，用来做室内薰香。

玫瑰花瓣和花蕾　　　　薰衣草花

迷迭香的叶子

橙子皮和柠檬皮

墨角兰的叶子

金银花的花瓣

制作方法：

· 将原材料放在一个托盘上，在温暖的室内晾干，直到略微有些干脆。

· 装进一个碗中，或是用丝带扎成一束做成礼物。

　　你也可以加一些剪碎的鸢尾根、几滴玫瑰精油或者薰衣草精油在里面，它们可以使干花的香气更浓郁，持续的时间更长久。

这些不速之客

谁是杂草？

杂草只是一种生长在"错误"地方的植物。很多杂草仅仅是生命力很顽强的野草。

蒲公英（*Taraxacum officinale*）

蒲公英的种子很蓬松，而且像降落伞一样，能轻易地被风带到远方。

蒲公英时钟*：

你总共吹了多少口气

才吹走所有的蒲公英种子？

现在是一点钟，还是两点钟？

* 译者注：这是英国小孩玩的游戏。摘一朵蒲公英的种子绒球，用几口气吹散全部种子，就代表当时是几点钟。

钝叶酸模（*Rumex obtusifolius*）

只要有一小段根，哪怕已经干了好几个月，也可以再长成一棵新的钝叶酸模。

繁缕（*Stellaria media*）

一株植物一年里能繁殖出 150 亿株新的植株来。一点也不夸张，因为每株植物能产差不多 2 500 粒种子，每一粒种子又能在七周后长成一棵新植株，每棵新植株又继续产种子！

园丁喜欢除掉这些杂草，因为它们会和其他植物争抢水分、阳光和营养。

拔草

在杂草开花之前，要将它们连根整株拔出。
"一年野草生，七年方除尽"。

锄地

在气候干燥的日子锄掉
蔬菜行间的杂草。

覆盖

用稻草或木屑覆盖在乔木和灌木
周围。没有阳光，也就没有杂草。

是朋友还是敌人？

你的花园就是一个专属于你自己的野生公园。细心观察，看看你能找到些什么？

瓢虫及它的幼虫

瓢虫和它的幼虫吃蚜虫。

食蚜蝇及它的幼虫

食蚜蝇的幼虫吃蚜虫。成年的食蚜蝇在花间盘旋，吸食花蜜。可以用长有黄色花心的花朵来吸引它们。

有些捕猎者专吃那些啃噬你园中植物的坏虫子。

蟾蜍和刺猬吃蛞蝓。

鸟吃毛毛虫。

下面这些害虫会吃掉或伤害你的植物。

蚜虫

这些小小的昆虫
吸食植物的汁液，
给植物造成损害。

蛞蝓和蜗牛

它们会大嚼你的植物。你可以用倒扣的半个
橙子皮来捕捉它们*。

* 译者注：黄昏时将半球形的橙子皮倒扣着放在花园里蛞蝓和蜗牛比较多的地方，夜里它们会爬出来大啃特啃橙子皮，吃饱喝足后在天亮之前悄悄爬到橙子皮下面躲起来。你只需要在清晨掀起橙子皮，捉起所有躲在下面的蛞蝓或蜗牛，扔到花园外面就行了。方便有效，还不会伤害它们。

菜粉蝶

这种蝴蝶的幼虫
爱吃卷心菜。

做一个稻草人

可以阻止鸟儿来吃菜地里的幼苗。

做法：

· 用木棍和绳子做个它的大框架。

· 剪一节旧紧身裤的裤腿，填充稻草或树叶，两头扎紧，做成头部。

· 给它的大框架穿上一身旧衣裤，内部填充一些稻草或树叶。

野生"动"物

越来越多的房屋和马路使得野生动物的生活空间越来越少。你可以建一个友好花园来接纳野生动物，给它们提供栖息之地、水和一些食物。

食物供应

向日葵

（ *Helianthus annuus* ）

向日葵籽供鸟儿食用。

薰衣草（ *Lavandula* ）

花蜜供蝴蝶和蜜蜂食用。

花籽供鸟儿食用。

金银花（ *Lonicera* ）

花蜜供蝴蝶和飞蛾食用。果实供鸟儿食用。

百里香

（ *Thymus vulgaris* ）

花蜜供蜜蜂食用，植株供小虫子安家。

冰叶日中花

（ *Sedum spectabile* ）

给蝴蝶、蜜蜂和食蚜蝇提供秋天里花蜜。

46

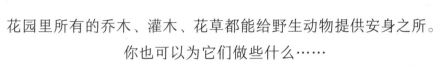

花园里所有的乔木、灌木、花草都能给野生动物提供安身之所。
你也可以为它们做些什么……

给昆虫做一个花园酒店

使用自然的、可再循环利用的材料，提供很多不同形状、不同大小，或干燥或潮湿的小空间供昆虫居住。

可能来花园安家的客人名单如下：
· 冬眠的瓢虫和草蛉
· 寻找一个空间来筑巢的切叶蜂
· 寻找一个黑暗木屋的步行虫
· 需要一个可以织网的地方的蜘蛛
· 想要一个潮湿空间的潮虫
· 想要一个靠近潮虫房间的专吃潮虫的蜘蛛

鸟儿们

看看你能在你的花园里识别出哪些鸟。

麻雀

黑鹂

大山雀

椋鸟

斑尾林鸽

苍头燕雀

灰斑鸠

蓝山雀

知更鸟

列一个清单
将你看到的鸟儿列成一个清单。有些人
每年都做这样一张清单。从中能看出哪
些鸟变得越来越常见，而哪些却变得越
来越罕见。

蜜蜂

植物本身并不能活动，所以它们需要外来的传粉媒介（例如蜜蜂）来将花粉从一朵花带到另一朵花。只有受精后的花朵才可以长出种子和果实。

有些花朵会产出很香甜的花蜜来感谢蜜蜂的帮助。蜜蜂将这些花蜜变成蜂蜜。所以，蜜蜂能同时给我们带来蜂蜜和苹果。

有些花长有一些特殊的结构来引导蜜蜂直接到达花心——花粉所在之处。

蜜蜂看到的世界和我们眼里的不一样，比如月见草（*Oenothera*）的颜色。

我们眼里的月见草是
这样的：

蜜蜂眼里的月见草是
这样的：

蝴蝶

看看你是否能在你的花园里观察到下面这些蝴蝶。

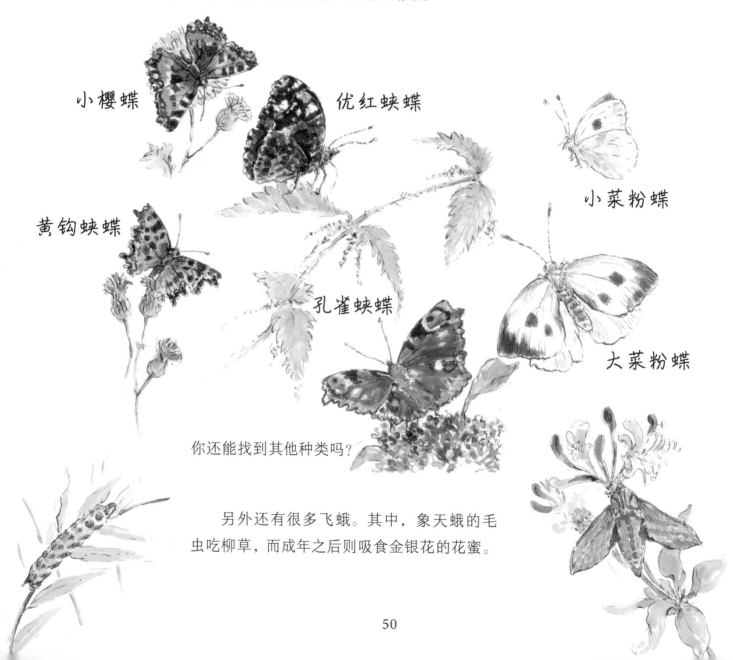

小樱蝶

优红蛱蝶

小菜粉蝶

黄钩蛱蝶

孔雀蛱蝶

大菜粉蝶

你还能找到其他种类吗？

另外还有很多飞蛾。其中，象天蛾的毛虫吃柳草，而成年之后则吸食金银花的花蜜。

它们也会动

有些植物能够活动——一点点。

捕蝇草（*Dionaea muscipula*）

这种植物生长在营养贫瘠的土壤中，
所以它需要别的食物来填饱肚子——肉！

这种植物还会数数呢！当苍蝇爬进捕蝇草的捕虫夹时，如果它只触碰一次捕蝇草的感觉毛，捕蝇草什么反应都不会有。但如果它在 20 秒之内连续两次触碰捕蝇草的感觉毛，捕虫夹就会快速闭合。

含羞草（*Mimosa pudica*）

触碰它的叶子，叶面就会闭合起来。为什么呢？也许是为了赶走那些想吃它的小动物吧。大约半小时后它又会展开叶片，恢复原样。

上面所有这些植物都可以种在花盆里，放在阳光充沛的窗台上。但是要温柔以待哦，戳的次数太多太频繁它们就会死掉的。

51

花园的模型和游戏

做一个微型花园模型

在建造真正的花园前，你可以先在托盘或盒子里设计你的理想花园模型。

小指南：

· 用小树枝做小树。

· 用小花做漂亮的花丛。

· 用青草做草坪。

做一个守护神

用泥土和水混合做成一个黏糊糊的球，用小树枝、羽毛和花做出面部。在英国康沃尔郡的伊甸园工程里，我们将这些守护神挂在帐篷外以求带来好运。

搭个帐篷

小指南：

· 能用来搭帐篷的材料包括：棍子、树枝、绳子、旧床单、塑料夹、大纸箱。

· 避免使用沉重和尖锐的东西。使用棍子和树枝时要千万小心，别戳到眼睛。

· 金字塔式的三角帐篷更加牢固。

· 将活的杨柳枝插在地上，并扎成三角帐篷，它们将会生根发芽，长成一个活的帐篷。

搭建规则

· 保护自然。搭建帐篷时不要损害到其他活着的植物。

· 爱护花园。搭建完之后要清理干净。

嘘——你只有安安静静地坐在帐篷里，才能够好好地观察花园里的野生动物。

53

夏日的野餐派对

夏日是欢乐聚会的时间。在温度适宜、阳光明媚的日子里和朋友们休闲放松、恣意玩耍……当然，还要有一场丰盛的野餐派对。你能指出下面哪些蔬菜水果是产自花园的吗？

园艺小指南

准备工作

　　先列出你想要种些什么。不要盲目地一次就栽种太多的植物，可以留一些到明年再种。画张图计划一下在哪里种哪些植物，然后看看选址是否合适：日照强还是多阴、干燥还是湿润……每种植物最适宜的生长环境都会有差异。

选择正确的工具

铲：挖掘和移动土壤。

锄头：锄掉杂草。

铁叉：挖松散的土壤，
　　　去除杂草。

耙：让土壤变得松散，
　　平整土壤。

小铁铲：挖小洞。

一起干活更轻松

进行园艺过程中总会有新的技术需要学习。记得多向父母、祖父母及你认识的同样喜欢园艺的邻居请教哦。

你的学校里有花园吗？如果没有的话，看看能否和小伙伴们一起帮助老师建一个。

请大人帮忙看看住地周围是否有公共的菜园，可以去那里和其他人一起做园艺。

重要的土壤

答案藏在土壤里

很多生物以土壤为家。植物用根系在土壤中固定住自己。

蠕虫

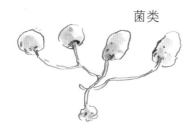

菌类

潮虫

细菌

这些细菌很微小，70亿个细菌凑在一起才一个针尖大小。

根将植物固定在土壤中，并为植物汲取养分（矿物质）和水分。土壤就是根的家和储物室。

致所有人的重要园艺小指南：**好好照料土壤**。这样它才能好好照料你的植物，让它们长得更大更结实。

土壤中包含砂、淤泥、黏土、有机质、土壤生物以及充满了空气、水和营养物的通道。

土壤可真像厨房里的储物室啊！

土壤里的生物是园丁们隐形的好帮手。它们能帮助疏松土壤，还能吃掉凋零植物的残余部分，并将它们转化成供植物生长的养分。

照料土壤

好的园丁会很用心地照料他们的土壤。

增肥

园丁给土壤添加肥料和堆肥。

浇水

当天气非常干燥时，
园丁给土壤浇水。

翻土

当土壤变得干硬时，尤其是在秋
天和冬天，园丁会给土壤翻土，
把表面的霜降翻进土壤内部，
让土壤重新变得松软。

保护

园丁用植物和堆肥覆盖土壤，这样可以阻止雨水冲刷走土壤中可供植物生长的养分。园丁也会尽量避免在土壤中过多走动，以防挤压到土壤内部的小空间和通道。

制作花园堆肥

帮助大人照料土壤。

请大人帮忙收集一些有机物：杂草、修剪下来的草、未烹饪的蔬菜皮，甚至是撕碎的黑白印刷的报纸。将所有材料放进一个堆肥箱里混合起来，几个月后它们就会变成褐色的黏糊糊的花园堆肥。将堆肥挖出来埋进花园里，这对土壤有很多好处。

关于种植

什么时候播种？请参看第 66 页的"时间安排计划表"。

有些种子要先在温暖的室内用花盆育种，而有些则可以直接在室外播种。

·仔细阅读装种子的袋子上的文字，遵循
 每一条提示。

·做一个"种子温床"：翻挖土壤，然后
 耙出一个平整松散的表面。

·挖出播种行：用一根树枝
 划出一条窄窄的槽。

·在槽里撒上种子。

·给种子盖上薄薄
 一层土。

·出苗时要很小心。干燥时要浇水。如果很
 多小苗冒出来，用一根棒棒糖的棍子小
 心地挖一些出来，重新种在别处，
 给幼苗之间多留一些空间。

用幼苗种植

并不是花园里的所有植物都需要从种子开始培育。

幼苗

很多植物可以生长好几年，它们被称为"多年生植物"。这些植物可以直接购买种在花盆里的幼苗。当它们长大一些后，再将它们移植到底部有堆肥的更大的花盆中，然后安放在一个温暖、阳光充足的地方，土壤干燥时及时浇水，你会眼看着它们越长越大。

香草

很多香草，例如百里香，是可以种在院子里的（见第 16 页）。
薄荷最好种在花盆中，否则它的根会在花园里四处蔓延（见第 17 页）。

土豆

是用小土豆（也称为土豆的"种子"）来种植的。如何种植请参见第 30 页。

用球根种植

鳞茎

秋天，将黄水仙的鳞茎*种到地里，来年春天它们就能开出美丽的花朵。

* 译者注：鳞茎是球根的一种。

警告

绝对不能食用黄水仙的鳞茎，有毒！

洋葱头和大蒜的蒜瓣也是鳞茎。春天将它们种在院子里，只在地面露出一点点顶上的小尖，它们在夏季快速生长，秋天就可以收获了。参见第 26 页。

用已有的植物种出更多的植物

草莓的匍匐茎

请大人帮忙剪下一些匍匐茎，然后另外栽一行，或是栽在花盆里。

剪下的枝条

有些植物可以用剪下的枝条来种植。将修剪下来的黑醋栗、鹅莓或红醋栗的茎插在地里后，它们都可以再次生根发芽。要注意保证它们的生长方向是朝上的。它们大概需要一年的时间才会在土里生根。

小指南：
柳树的枝条很容易生根。你可以将柳枝泡在水里，然后用这个水去浇插种的其他枝条，这样能帮助其他枝条更快生根。

时间安排计划表

	春季			夏季		
	3 月	4 月	5 月	6 月	7 月	8 月
土豆						
番茄						
豌豆						
菜豆和荷包豆						
羽衣甘蓝						
紫甘蓝						
西蓝花						
紫色西蓝花						
白萝卜						
菠菜						
生菜						
芝麻菜						
小胡瓜						
笋瓜						
南瓜						
甜玉米						
大蒜、洋葱						
韭葱						
胡萝卜、甜菜根						
用种子播种的香草						
用种子播种的花卉						
绿豆芽、芥菜和水芹						

什么时候种植你买的植物？

· 冬季种植水果灌木和果树（选择在不太寒冷的一天进行）。

· 秋季或春季种植娇嫩一些的草本植物，例如迷迭香、薄荷、荷包牡丹和随意草。

这是关于播种、生长和采摘的时间安排计划表。但实际时间还是要根据你的所在地来确定：在气候寒冷的地方植物需要更长的生长时间。

	秋季			冬季		
	9 月	10 月	11 月	12 月	1 月	2 月
土豆	▒					
番茄	▒	▒				▒
豌豆						
菜豆和荷包豆						
羽衣甘蓝	▒	▒	▒	▒	▒	
紫甘蓝						
西蓝花	▒	▒				
紫色西蓝花			▒			
白萝卜	▒					
菠菜						
生菜	▒					
芝麻菜	▒					
小胡瓜						
笋瓜						
南瓜						
甜玉米						
大蒜、洋葱						
韭葱						
胡萝卜、甜菜根	▒	▒				
用种子播种的香草						
用种子播种的花卉						
绿豆芽、芥菜和水芹	▒	▒	▒	▒	▒	▒

可以在花园里栽种的植物简直太多了！

这里有三个帮助你着手开始的建议：

· 容易栽种的：芝麻菜、生菜和白萝卜。

· 适合在花盆里栽种的：韭菜、番茄和罗勒。

· 适合生吃的：白萝卜、生菜和豌豆。

索引

（按汉语拼音首字母排序，括号内为该植物的拉丁文学名）

白萝卜（Raphanus sativus）	22	红醋栗（Ribes rubrum）	11,36
百里香（Thymus vulgaris）	16,46	胡萝卜（Daucus carota）	31
薄荷（Mentha）	17	蝴蝶	50
冰叶日中花（Sedum spectabile）	46	黄水仙（Narcissus）	7,40
捕蝇草（Dionaea muscipula）	51	芥菜（Brassica hirta）	20
菜豆（Phaseolus vulgaris）	24	金莲花（Tropaeolum majus）	21
菜花（Brassica oleracea）	23	金银花（Lonicera）	41,46
草莓（Fragaria ananassa）	34	韭菜（Allium schoenoprasum）	27
大蒜（Allium sativum）	26	韭葱（Allium porrum）	15,27
绿豆（Vigna radiata）	25	李子（Prunus domestica）	39
钝叶酸模（Rumex obtusifolius）	42	罗勒（Ocimum basilicum）	19
鹅莓（Ribes uva-crispa）	36	迷迭香（Rosmarinus officinalis）	16
番茄（Solanum lycopersicum）	33	蜜蜂	39,49
繁缕（Stellaria media）	42	南瓜（Cucurbita maxima）	13,28
覆盆子（Rubus idaeus）	35	鸟儿们	48
含羞草（Mimosa pudica）	51	苹果（Malus domestica）	13,38
荷包豆（Phaseolus coccineus）	24	蒲公英（Taraxacum officinale）	42
荷包牡丹（Lamprocapnos spectabilis）	40	生菜（Lactuca sativa）	20
黑醋栗（Ribes nigrum）	37	莳萝（Anethum graveolens）	18

水芹（*Lepidium sativum*）	20		小胡瓜（*Cucurbita pepo*）	29
随意草（*physostegia virginiana*）	40		薰衣草（*Lavandula*）	41,46
笋瓜（*Cucurbita maxima*）	29		洋葱（*Allium cepa*）	26
甜菜根（*Beta vulgaris*）	31		羽衣甘蓝（*Brassica oleracea*）	22
甜玉米（*Zea mays*）	32		月桂叶（*Laurus nobilis*）	17
土豆（*Solanum tuberosum*）	15,30,63		月见草（*Oenothera*）	49
豌豆（*Pisum sativum*）	25		帐篷	5,11,53
无花果（*Ficus carica*）	13,39		芝麻菜（*Eruca vesicaria*）	20
西蓝花（*Brassica oleracea*）	11,23		紫甘蓝（*Brassica oleracea*）	23
向日葵（*Helianthus annuus*）	40,46			

种植植物清单

（请在你已种植的植物前打勾）

- [ ] 白萝卜
- [ ] 百里香
- [ ] 薄荷
- [ ] 冰叶日中花
- [ ] 菜豆
- [ ] 菜花
- [ ] 草莓
- [ ] 大蒜
- [ ] 绿豆芽
- [ ] 鹅莓
- [ ] 番茄
- [ ] 覆盆子
- [ ] 荷包豆
- [ ] 荷包牡丹
- [ ] 黑醋栗
- [ ] 红醋栗
- [ ] 胡萝卜
- [ ] 黄水仙
- [ ] 金莲花
- [ ] 金银花
- [ ] 韭菜
- [ ] 韭葱
- [ ] 李子

- [ ] 罗勒
- [ ] 迷迭香
- [ ] 南瓜
- [ ] 苹果
- [ ] 生菜
- [ ] 莳萝
- [ ] 随意草
- [ ] 笋瓜
- [ ] 甜菜根
- [ ] 甜玉米
- [ ] 土豆
- [ ] 豌豆
- [ ] 无花果
- [ ] 西蓝花
- [ ] 向日葵
- [ ] 小胡瓜和西葫芦
- [ ] 薰衣草
- [ ] 洋葱
- [ ] 羽衣甘蓝
- [ ] 月桂叶
- [ ] 芝麻菜
- [ ] 紫甘蓝

我的园艺剪贴簿

后面这几页是你的私人空间，你可以用来记录在这一年里你看见的每一个生物和你做的每一件事情。

你也可以用来做你的园丁日记，记录下你的园艺心得，画出你希望种植的植物。你也可以用树叶、花朵和树枝剪贴出你在花园里的劳动成果。

别忘了：
记录下你在院子里看见的野生动物；
写上每条记录内容的日期。

多年之后，这将是一份很有用的文件。

后面每页的标题只是个建议，你可以随着自己的意愿去自由安排这些页面。尽情放飞你的想象力吧！

祝你做个快乐的小园丁！

春季的花园

夏季的花园

秋季的花园

冬季的花园

献给我的父亲——约翰：

是您从我两岁时就引领我领略园艺的魔力，您也是我终身的灵感源泉。

谢谢您！

——乔·埃尔沃西

献给苏珊：

我的具有高超园艺技能的岳母。

爱您！

——埃莉诺·泰勒

伊甸园工程是英国康沃尔郡的一个教育慈善项目，它是在废弃的陶土挖掘矿场上兴建起来的全球最大的温室花园，里面汇聚了几乎全球所有的植物。伊甸园工程的主要工作是修建花园和温室、举办各种展览、组织交流活动和开展研究项目，其目的在于帮助促进人与人之间以及人与自然之间的联系。

www.edenproject.com

图书在版编目（CIP）数据

园艺小指南 / （英）乔·埃尔沃西文；（英）埃莉诺·
泰勒图；（法）邓韫译 . -- 成都：四川人民出版社，
2019.4

ISBN 978-7-220-11195-2

Ⅰ . ①园… Ⅱ . ①乔… ②埃… ③邓… Ⅲ . ①园艺 -
儿童读物 Ⅳ . ① S6-49

中国版本图书馆 CIP 数据核字 (2019) 第 002121 号

YUANYI XIAO ZHINAN

园艺小指南

著　者　[英]乔·埃尔沃西 文　[英]埃莉诺·泰勒 图
译　者　[法]邓 韫
选题策划　后浪出版公司
出版统筹　吴兴元
特约编辑　许治军
责任编辑　冯 珺　何红烈
责任印制　李 剑
装帧制造　墨白空间
营销推广　ONEBOOK

出版发行　四川人民出版社（成都槐树街 2 号）
网　址　http://www.scpph.com
E - mail　scrmcbs@sina.com
印　刷　北京盛通印刷股份有限公司
成品尺寸　210mm×210mm
印　张　4
字　数　37 千
版　次　2019 年 4 月第 1 版
印　次　2019 年 4 月第 1 次
书　号　978-7-220-11195-2
定　价　60.00 元

四川省版权局
著作权合同登记号
图字：21-2018-619